BEI GRIN MACHT SICH IHR WISSEN BEZAHLT

Patrick Schimmel

Formelsammlung Mathematik

GRIN Verlag

Bibliografische Information der Deutschen Nationalbibliothek:

Die Deutsche Bibliothek verzeichnet diese Publikation in der Deutschen National-
bibliografie; detaillierte bibliografische Daten sind im Internet über http://dnb.d-
nb.de/ abrufbar.

Impressum:

Copyright © 2007 GRIN Verlag GmbH
Druck und Bindung: Books on Demand GmbH, Norderstedt Germany
ISBN: 978-3-656-73265-5

Dieses Buch bei GRIN:

http://www.grin.com/de/e-book/279528/formelsammlung-mathematik

Inhaltsverzeichnis

1 Mengenlehre

1.1 Definitionen

Eine Menge ist eine Zusammenfassung bestimmter wohl unterschiedener Objekte unserer Anschauung oder unseres Denkens – welche die **Elemente** der Menge genannt werden – zu einem Ganzen.

1.1.1 Beschreibende Form

$A = \{x \mid x \text{ hat Eigenschaft } E\}$

1.1.2 Elemente

$x \in A$	x ist Element von A
$x \notin A$	x ist kein Element von A

1.1.3 Leere Mengen

$\varnothing$ oder $\{\}$ Menge, die kein Element enthält

1.1.4 Teilmengen

$A \subseteq B$	A ist Teilmenge von B
$A \not\subseteq B$	A ist keine Teilmenge von B

Jede Menge A ist Teilmenge von sich selbst, d.h. $A \subseteq A$.
Jede Menge A hat die leere Menge als Teilmenge, d.h. $\varnothing \subseteq A$.

Ist $A \subseteq B$ und $B \subseteq C$, so folgt $A \subseteq C$.
Ist $A \subseteq B$ und $B \subseteq A$, so folgt $A = B$.

1.1.5 Potenzmenge

$P(A)$ Menge aller Teilmengen der Menge A

1.1.6 Kardinalität

$|A|$ Anzahl der Elemente von A

$$|P(A)| = 2^{|A|}$$
$$|A \cup B| = |A| + |B| - |A \cap B|$$

1.2 Mengenoperationen

$A \cap B = \{x \mid x \in A \text{ und } x \in B\}$	Schnitt von A und B
$A \cup B = \{x \mid x \in A \text{ oder } x \in B\}$	Vereinigung von A und B
$A B = \{x \mid x \in A \text{ und } x \notin B\}$	Differenz von A und B (A ohne B)
$\overline{A} = M \setminus A$	Komplementmenge bezüglich der Grundmenge M
$A_1 \times A_2 \times ... \times A_n$	Kartesisches Produkt der Mengen $A_1, ... A_n$
	Die Elemente heißen n-Tupel

$$A \times (A \cap C) = (A \times B) \cap (A \times C)$$
$$A \times (A \cup C) = (A \times B) \cup (A \times C)$$

1.2.1 Kommunikativgesetze

$$A \cap B = B \cap A$$
$$A \cup B = B \cup A$$

1.2.2 Assoziativgesetze

$$A \cap (B \cap C) = (A \cap B) \cap C$$
$$A \cup (B \cup C) = (A \cup B) \cup C$$

1.2.3 Distributivgesetze

$$A \cap (B \cup C) = (A \cap B) \cup (A \cap C)$$
$$A \cup (B \cap C) = (A \cup B) \cap (A \cup C)$$

1.2.4 de Morgansche Regeln

$$A \setminus (B \cap C) = (A \setminus B) \cup (A \setminus C)$$
$$A \setminus (B \cup C) = (A \setminus B) \cap (A \setminus C)$$

1.2.5 Folgerungen

Es sei M = Grundmenge, A, B sind Teilmengen von M.

$A \cap A = A$

$A \cup A = A$

$A \cap (A \cup B) = A$

$A \cup (A \cap B) = A$

$A \cup M = M$

$A \cap M = A$

$A \cap \overline{A} = \varnothing; \quad A \cup \overline{A} = M$

$A \cap \varnothing = \varnothing; \quad A \cup \varnothing = A$

$\overline{\overline{A}} = A$

$\overline{A \cap B} = \overline{A} \cup \overline{B}$

$\overline{A \cup B} = \overline{A} \cap \overline{B}$

$A \setminus B = A \cap \overline{B}$

2 Zahlenmengen

2.1 Definition

N = {1, 2, 3, ...} Menge der natürlichen Zahlen

Z = {-2, -1, 0, 1, 2, ...} Menge der ganzen Zahlen

$Q = \{\frac{a}{b} \mid a \in Z, b \in Z, b \neq 0\}$ Menge der rationalen Zahlen

R Alle Zahlen, die als Punkte auf der Zahlengeraden dargestellt werden heißen reelle Zahlen

R\Q Die Menge „R ohne Q" heißt Menge der irrationalen Zahlen

2.2 Besondere Zahlen

2.2.1 Eulersche Zahl

$$\boxed{e \approx 2{,}7182818285}$$

Gebraucht wird diese z.b. bei der Verzinsung:

$$K_n = K \cdot \left(1 + \frac{p}{100 \cdot n}\right)^n \qquad \text{Endkapital nach einem Jahr, bei n Verzinsungszeiträumen}$$

$e^{\frac{p}{100}}$ Maximale Verzinsung bei noch so großem n

2.2.2 Pi (π)

$$\boxed{\pi \approx 3{,}1415926536}$$

Benötigt z.b. bei der Flächenberechnung von Kreisen:

$A = \pi r^2$

$U = 2\pi r$

2.3 Zahlendarstellung

2.3.1 Binärzahl in Dezimalzahl umrechnen

$101010_2 = 1 \cdot 2^5 + 0 \cdot 2^4 + 1 \cdot 2^3 + 0 \cdot 2^2 + 1 \cdot 2^1 + 0 \cdot 2^0 = 32 + 8 + 2 = 42$

2.3.2 Dezimalzahl in Binärzahl umrechnen

Funktioniert analog zu 2.3.3:

$13 : 2 = 6 \quad \text{Rest 1}$

$6 : 2 = 3 \quad \text{Rest 0}$

$3 : 2 = 1 \quad \text{Rest 1}$

$1 : 2 = 0 \quad \text{Rest 1}$

Gesuchte Binärzahl: 1101_2

2.3.3 Dezimalzahl in b-adische Zahl umrechnen

1) Man dividiere m durch b und notiere den Rest der Division.
2) Man dividiere das Divisionsergebnis durch b und notiere wieder den Rest dieser Division.
3) Man wiederhole Schritt 2, bis als Divisionsergebnis 0 auftritt.
4) Man schreibe die aufgetretenen Reste in der umgekehrten Reihenfolge ihres Auftretens als b-adische Zahl.

2.3.4 Hexadezimale Zahlen in Dezimalzahlen

Bestehen aus den Ziffern 1-9 und den Buchstaben
A = 10, B = 11, C = 12, D = 13, E = 14, F = 15

$3FB_{16} = 3 \cdot 16^2 + F \cdot 16^1 + B \cdot 16^0 = 768 + 240 + 11 = 42$

2.3.5 Binärzahlen in Hexadezimale Zahlen

$$\boxed{\underbrace{0110}_{\substack{4+2 \\ =6}}\underbrace{0111}_{\substack{4+2+1 \\ =7}}\underbrace{1101}_{\substack{8+4+1 \\ =13}}}$$

$11001111101_2 = 67D_{16}$

3 Vollständige Induktion

3.1 Beispiel

Es sei $q \neq 1$ irgend eine von 1 verschiedene reelle Zahl.
Zu beweisen gilt folgende Summenformel für alle n:

$$1+q+q^2+\ldots+q^n = \frac{q^{n+1}-1}{q-1}$$

Induktionsanfang: n=1

$$1+q = \frac{q^2-1}{q-1} = \frac{(q+1)\cdot(q-1)}{q-1}$$ erfüllt, Induktionsanfang ist also gesichert.

Induktionsvoraussetzung:
Definition: $S_n = 1+q+q^2+\ldots+q^n$

Es gibt also ein n für das gilt: $S_n = \frac{q^{n+1}-1}{q-1}$.

Induktionsschluss: Jetzt muss ich nachweisen, dass die Formel auch für ein n+1 gilt:
$$S_{n+1} = 1+q+q^2+\ldots+q^n+q^{n+1}$$

$$S_{n+1} = \frac{q^{n+2}-1}{q-1}$$

Ich weiß, dass gilt: $S_{n+1} = S_n + q^{n+1}$, also muss ich letztendlich nachweisen, dass folgende Formel erfüllt ist:

$$S_n + q^{n+1} = \frac{q^{n+1}-1}{q-1} + q^{n+1}$$

$$= \frac{q^{n+1}-1}{q-1} + \frac{q^{n+1}(q-1)}{q-1}$$

$$= \frac{q^{n+1}-1+q^{n+2}-q^{n+1}}{q-1}$$

$$= \frac{q^{n+2}-1}{q-1}$$

Damit ist der Induktionsschluss vollzogen.

3.2 Beispiel Ungleichungen

Es sei $x \geq -1$ irgend eine reelle Zahl.
Zu beweisen gilt folgende Ungleichung für alle n:
$$(1+x)^n \geq 1+nx$$
Induktionsanfang: n=1
$$(1+x)^1 = 1+x$$ erfüllt, Induktionsanfang ist also gesichert.
Induktionsvoraussetzung:
Es gibt also ein n für das gilt: $(1+x)^n \geq 1+nx$.
Induktionsschluss: Jetzt muss ich nachweisen, dass die Formel auch für ein n+1 gilt:
$$(1+x)^{n+1} \geq 1+(n+1)x$$
Ich weiß, dass gilt: $(1+x)^n \geq 1+nx$, also muss ich letztendlich nachweisen, dass folgende Formel erfüllt ist:

$(1+x)^{n+1} = (1+x)^n \cdot (1+x) \geq (1+nx) \cdot (1+x)$

$(1+x)^{n+1} \geq 1+x+nx+nx^2$

$(1+x)^{n+1} \geq 1+(n+1)x+nx^2$

Da nx^2 immer größer oder gleich null ist, gilt:

$(1+x)^{n+1} \geq 1+(n+1)x+nx^2 \geq 1+(n+1)x$

Damit ist der Induktionsschluss vollzogen.

3.3 Binominalkoeffizient

3.3.1 Definitionen

$$\binom{n}{j} = \frac{n \cdot (n-1) \cdots (n-[j-1])}{1 \cdot 2 \cdots (j-1) \cdot j} = \frac{n!}{j! \cdot (n-j)!} \quad \text{„n über j"}$$

Es gilt:

$$\binom{n}{0} = 1$$

$$\binom{n}{j} = \binom{n}{n-j}$$

$$\binom{n}{j-1} + \binom{n}{j} = \binom{n+1}{j}$$

3.3.2 Lottozahlen

Wird z.B. verwendet um die Wahrscheinlichkeit für einen 6er zu ermitteln:

$$\binom{49}{6} = \frac{49!}{6! \cdot 43!}$$

3.3.3 Bestimmung von Teilmengen

Es sei $\{a_1, a_2, ..., a_{n-1}, a_n\}$ eine beliebige Menge mit n Elementen.

Dann hat diese Menge genau $\binom{n}{j}$ Teilmengen mit j Elementen.

3.3.4 Binomischer Lehrsatz

$$(a+b)^n = \binom{n}{0}a^n + \binom{n}{1}a^{n-1}b + \binom{n}{2}a^{n-2}b^2 + ... + \binom{n}{n-1}ab^{n-1} + \binom{n}{n}b^n = \sum_{k=0}^{n}\binom{n}{k} \cdot a^{n-k}b^k$$

Pascalsches Dreieck:

Bildungsregel: $\binom{n}{j-1} + \binom{n}{j} = \binom{n+1}{j}$

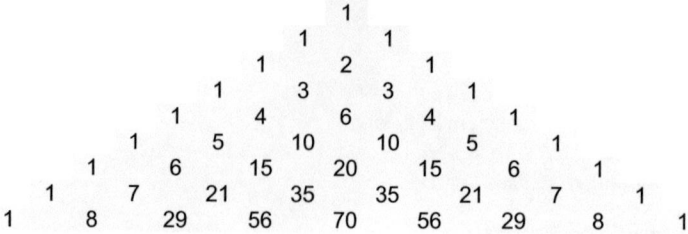

4 Komplexe Zahlen

4.1 Definition

4.1.1 Normalform

$$\boxed{a+b\cdot i}$$

a   Realteil von a+bi   Re(a+bi)
b   Imaginärteil von a+bi   Im(a+bi)

4.1.2 Trigonometrische Form

$$\boxed{z = |z|\cdot(\cos\varphi + i\cdot\sin\varphi)}$$

Umrechnung Normalform -> trigonometrische Form

$$|z| = \sqrt{x^2 + y^2}$$

$$\sin\varphi = \frac{y}{|z|} \qquad \cos\varphi = \frac{x}{|z|}$$

x, y	φ in Grad	φ im Bogenmaß
$x>0, y\geq 0$	$\varphi = a\tan\dfrac{y}{x}$	
$x<0$	$\varphi = a\tan\dfrac{y}{x}+180°$	$\varphi = a\tan\dfrac{y}{x}+\pi$
$x>0, y\leq 0$	$\varphi = a\tan\dfrac{y}{x}+360°$	$\varphi = a\tan\dfrac{y}{x}+2\pi$
$x=0, y>0$	$\varphi = 90°$	$\varphi = \dfrac{\pi}{2}$
$x=0, y<0$	$\varphi = 270°$	$\varphi = \dfrac{3}{2}\pi$
$x=0, y=0$	$\varphi = 0°$	$\varphi = 0$

4.1.3 Eulersche Form

$$\boxed{e^{i\varphi} = \cos\varphi + i\cdot\sin\varphi}$$

4.2 Konjugierte

Für die Komplexe Zahl $z = a + bi$ ist

$$\boxed{\bar{z} = a - bi}$$

die konjugiert komplexe Zahl.

4.3 Addition/Subtraktion

$$\boxed{\begin{aligned}(a+ib)+(c+id) &= a+c+(b+d)i \\ (a+ib)-(c+id) &= a-c+(b-d)i\end{aligned}}$$

4.4 Multiplikation/Division

$$\boxed{\begin{aligned}(a+ib)\cdot(c+id) &= ac+aid+ibc+i^2bd \\ &= ac-bd+(ad+bc)\end{aligned}}$$

$$\boxed{\frac{a+ib}{c+id} = \frac{(a+ib)(c-id)}{(c+id)(c-id)} = \frac{(a+ib)(c-id)}{c^2+id^2} = \frac{ac+bd}{c^2+d^2} + \frac{bc-ad}{c^2+d^2}\cdot i}$$

$$\boxed{z_1 \cdot z_2 = |z_1|\cdot|z_2|\cdot(\cos(\varphi_1+\varphi_2)+i\cdot\sin(\varphi_1+\varphi_2))}$$

$$\boxed{\frac{z_1}{z_2} = \frac{|z_1|}{|z_2|}\cdot(\cos(\varphi_1-\varphi_2)+i\cdot\sin(\varphi_1-\varphi_2))}$$

4.5 Potenzierung/Radizierung

$$\boxed{z^n = |z|^n \cdot(\cos(n\varphi)+i\cdot\sin(n\varphi))}$$

$$\boxed{z_k = \sqrt[n]{|z|}\cdot\left(\cos\frac{\varphi+k\cdot360°}{n}+i\cdot\sin\frac{\varphi+k\cdot360°}{n}\right)} \quad \text{für } k = 0, ..., n\text{-}1$$

5 Relationen

5.1 Definitionen

xRy x steht zu y in der Relation R
A Quellmenge
B Zielmenge
V_R Vorbereich von R
  V_R = {x∈A | es gibt mindestens ein y∈B, sodass xRy gilt}
N_R Nachbereich von R
  N_R = {y∈B | es gibt mindestens ein x∈A, sodass xRy gilt}

5.2 Beispiel

Es seien A = {1, 3, 5} und B = {5, 7, 20}. Dann definiere ich eine Relation R auf A x B durch

  xRy ⇔ x^2 < y   ⇔ bedeutet „genau dann, wenn"

Daraus folgt:
R = {(1, 5), (1, 7), (1, 20), (3, 20)}
V_R = {1, 3}
N_R = {5, 7, 20}

5.3 Darstellung als Gitternetz

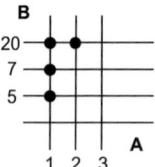

5.4 Andere Definitionen

o Eine Relation $R \subseteq A \times B$ heißt **rechtseindeutig**, wenn es für jedes $x \in A$ höchstens ein $y \in B$ gibt, sodass xRy gilt (n:1-Beziehung).

o Eine Relation $R \subseteq A \times B$ heißt **linkseindeutig**, wenn es für jedes $y \in B$ höchstens ein $x \in A$ gibt, sodass xRy gilt (1:n-Beziehung).

o Eine Relation $R \subseteq A \times B$ heißt **eineindeutig**, wenn sie sowohl rechtseindeutig, als auch linkseindeutig ist (1:1-Beziehung).

o Es sei $R \subseteq A \times B$ eine Relation. Dann ist die zu R **inverse Relation** $R^{-1} \subseteq A \times B$ definiert durch $xR^{-1}y \Leftrightarrow yRx$.

o Es seien $R_1 \subseteq A \times B$ und $R_2 \subseteq B \times C$ zwei Relation. Dann ist die Relation $R_2 * R_1$ definiert durch:
$x\ R_2 * R_1\ z \Leftrightarrow$ es gibt ein $y \in B$, sodass gilt: xR_1y und yR_2z
Man nennt $R_2 * R_1$ die **Verkettung** oder auch die **Komposition** der beiden Relationen.

o Eine Relation $R \subseteq A \times A$ heißt **reflexiv**, wenn für alle $x \in A$ gilt: xRx.

o Eine Relation $R \subseteq A \times A$ heißt **symmetrisch**, wenn aus xRy stets yRx folgt.

o Eine Relation $R \subseteq A \times A$ heißt **transitiv**, wenn aus xRy und yRz stets xRz folgt.

o Eine Relation $R \subseteq A \times A$ heißt **Äquivalenzrelation**, wenn sie reflexiv, symmetrisch und transitiv ist. Man schreibt auch $x\sim_R y$

o In der **Äquivalenzklasse** werden alle Elemente zusammengefasst, die zu x äquivalent sind. $[x] = \{y \in A \mid x\sim_R y\}$.

1. Aus $x\sim_R y$ folgt $[x] = [y]$.
2. Aus $[x] = [y]$ folgt $x\sim_R y$.
3. Gilt nicht $x\sim_R y$, so sind $[x]$ und $[y]$ disjunkt, d.h. $[x] \cap [y] = \emptyset$.

o Es sei R eine Äquivalenzrelation auf eine Menge A, dann bilden die Äquivalenzklassen von R eine **Partition** von A, d.h.

1. Zu jedem $x \in A$ gibt es eine Äquivalenzklasse, in der x liegt.
2. Zwei verschiedene Äquivalenzklassen haben keine Elemente gemeinsam.

6 Folgen und Funktionen

6.1 Definitionen

6.1.1 Definition

Es seien D ≠ 0 und W ≠ 0 Mengen. Unter einer Funktion versteht man eine Vorschrift, die jedem Element x ∈ D genau ein Element y = f(x) ∈ W zuordnet.
D heißt Definitionsbereich der Funktion f. Unter dem Wertebereich von f versteht man die Menge

f(D) = {y ∈ W | es gibt ein x ∈ D, sodass y = f(x) gilt}

6.1.2 Beschränktheit von Folgen

Eine Folge a_n heißt nach oben beschränkt, wenn es eine Zahl $c \in \mathbb{R}$ gibt, sodass gilt:

$$a_n \leq c \text{ für alle } n \in \mathbb{N}$$

Eine Folge a_n heißt nach unten beschränkt, wenn es eine Zahl $c \in \mathbb{R}$ gibt, sodass gilt:

$$a_n \geq c \text{ für alle } n \in \mathbb{N}$$

Eine Folge a_n heißt beschränkt, wenn es eine Zahl $c \in \mathbb{R}$ gibt, sodass gilt:

$$|a_n| \leq c \text{ für alle } n \in \mathbb{N}$$

6.1.3 Monotonie

Eine Funktion heißt
monoton steigend, wenn aus $x_1 < x_2$ stets folgt: $f(x_1) \leq f(x_2)$
streng monoton steigend, wenn aus $x_1 < x_2$ stets folgt: $f(x_1) < f(x_2)$
monoton fallend, wenn aus $x_1 < x_2$ stets folgt: $f(x_1) \geq f(x_2)$
streng monoton fallend, wenn aus $x_1 < x_2$ stets folgt: $f(x_1) > f(x_2)$

6.1.4 Eigenschaften

Eine Funktion heißt **injektiv**, wenn aus $x_1 \neq x_2$ immer folgt $f(x_1) \neq f(x_2)$
Wenn ich also nachweisen kann, dass es ein y gibt, dem ich zwei verschiedene x-Werte zuordnen kann, so ist die Funktion nicht injektiv.
Die Injektivität kann ich mit dem Ansatz $f(x_1) = f(x_2)$ nachweisen.

Eine Funktion heißt **surjektiv**, wenn es zu jedem y ∈ W ein x ∈ D gibt, sodass f(x) = y gilt.
Dies lässt sich nachweisen, indem ich die Gleichung nach y umforme.

Eine Funktion heißt **bijektiv**, wenn sie sowohl injektiv, als auch surjektiv ist.

6.2 Rechnen mit Funktionen

$$(f+g)(x) = f(x) + g(x)$$
$$(f-g)(x) = f(x) - g(x)$$
$$(f \cdot g)(x) = f(x) \cdot g(x)$$
$$\left(\frac{f}{g}\right)(x) = \frac{f(x)}{g(x)} \quad \text{für } g(x) \neq 0$$
$$f(x) \circ g(x) = f(g(x))$$

6.3 Grenzwerte

6.3.1 Definition

$$y_0 = \lim_{x \to x_0} f(x)$$

6.3.2 Rechnen mit Grenzwerten

$$\lim_{x \to x_0} (f+g)(x) = \lim_{x \to x_0} f(x) + \lim_{x \to x_0} g(x)$$

$$\lim_{x \to x_0} (f-g)(x) = \lim_{x \to x_0} f(x) - \lim_{x \to x_0} g(x)$$

$$\lim_{x \to x_0} (f \cdot g)(x) = \lim_{x \to x_0} f(x) \cdot \lim_{x \to x_0} g(x)$$

$$\lim_{x \to x_0} \left(\frac{f}{g}\right)(x) = \frac{\lim_{x \to x_0} f(x)}{\lim_{x \to x_0} g(x)}$$

$$\lim_{x \to x_0} |f(x)| = \left| \lim_{x \to x_0} f(x) \right|$$

Beispiel für Grenzwerte von Folgen:

$$\lim_{n \to \infty} \frac{12n^3 + 8n^2 - 3n + 2}{6n^3 + 600n^2 - 28} = \lim_{n \to \infty} \frac{12 + \dfrac{8}{n} - \dfrac{3}{n^2} + \dfrac{2}{n^3}}{6 + \dfrac{600}{n} - \dfrac{28}{n^3}} = \frac{12}{6} = 2$$

6.3.3 Stetigkeit einer Funktion

Eine Funktion ist im Punkt x_0 stetig, wenn gilt:

$$\lim_{x \to x_0} f(x) = f(x_0)$$

Es muss also ein Grenzwert an der Stelle x_0 existieren und er muss mit dem Funktionswert übereinstimmen.

Ist g in $x_0 \in D$ stetig und f in $g(x_0) \in E$ stetig, dann ist auch $h = f \circ g$ stetig in x_0.

6.4 Polynome

6.4.1 Definition

$$p(x) = a_n x^n + a_{n-1} x^{n-1} + ... + a_1 x + a_0$$

6.4.2 Horner-Schema

$$p(x) - p(x_0) = (x - x_0) \cdot p(x)$$

Beispiel:
$$p(x) = 3x^4 + 2x^3 - 5x^2 + x - 1$$

$$x_0 = 2$$

	3	2	−5	1	−1
		+	+	+	+
		6	16	22	46
	3	8	11	23	45

$p(2) = 45$

Nullstellenbestimmung mit Horner-Schema:
$$p(x) = x^3 - 6x^2 + 11x - 6$$

$$x_0 = 1 \quad \begin{array}{|rrrr} 1 & -6 & 11 & -6 \\ & + & + & + \\ & 1 & -5 & 6 \\ \hline 1 & -5 & 6 & 0 \end{array}$$

$$p(x) = (x-1)(x^2 - 5x + 6)$$

6.4.3 Polynomdivision

$$(x^2 + 2x + 1) : (x - 1) = x + 3 + \frac{4}{x-1}$$

$$\underline{-(x^2 - x)}$$
$$\quad 3x + 1$$
$$\quad \underline{3x - 3}$$
$$\quad \quad 4$$

6.5 Trigonometrische Funktionen

6.5.1 Definitionen

$$\sin \alpha = \frac{\text{Gegenkathete}}{\text{Hypothenuse}} = \frac{a}{c}$$

$$\cos \alpha = \frac{\text{Ankathete}}{\text{Hypothenuse}} = \frac{b}{c}$$

$$\tan \alpha = \frac{\text{Gegenkathete}}{\text{Ankathete}} = \frac{a}{b} = \frac{\sin \alpha}{\cos \alpha}$$

$$\cot \alpha = \frac{\text{Ankathete}}{\text{Gegenkathete}} = \frac{b}{a} = \frac{\cos \alpha}{\sin \alpha} = \frac{1}{\tan \alpha}$$

6.5.2 Additionstheoreme

$$\sin (\alpha + \beta) = \sin \alpha \cdot \cos \beta + \cos \alpha \cdot \sin \beta$$
$$\sin (\alpha - \beta) = \sin \alpha \cdot \cos \beta - \cos \alpha \cdot \sin \beta$$
$$\cos (\alpha + \beta) = \cos \alpha \cdot \cos \beta - \sin \alpha \cdot \sin \beta$$
$$\cos (\alpha - \beta) = \cos \alpha \cdot \cos \beta + \sin \alpha \cdot \sin \beta$$

$$\tan (\alpha + \beta) = \frac{\tan \alpha + \tan \beta}{1 - \tan \alpha \cdot \tan \beta}$$

$$\tan (\alpha - \beta) = \frac{\tan \alpha - \tan \beta}{1 + \tan \alpha \cdot \tan \beta}$$

$$\cot (\alpha + \beta) = \frac{\cot \alpha \cdot \cot \beta - 1}{\cot \beta + \cot \alpha}$$

$$\cot (\alpha - \beta) = \frac{\cot \alpha \cdot \cot \beta + 1}{\cot \beta - \cot \alpha}$$

$$\sin\alpha + \sin\beta = 2\cdot\sin\frac{\alpha+\beta}{2}\cdot\cos\frac{\alpha-\beta}{2}$$

$$\sin\alpha - \sin\beta = 2\cdot\cos\frac{\alpha+\beta}{2}\cdot\sin\frac{\alpha-\beta}{2}$$

$$\cos\alpha + \cos\beta = 2\cdot\cos\frac{\alpha+\beta}{2}\cdot\cos\frac{\alpha-\beta}{2}$$

$$\cos\alpha - \cos\beta = -2\cdot\sin\frac{\alpha+\beta}{2}\cdot\sin\frac{\alpha-\beta}{2}$$

$$\tan\alpha + \tan\beta = \frac{\sin(\alpha+\beta)}{\sin\alpha\cdot\cos\beta}$$

$$\tan\alpha - \tan\beta = \frac{\sin(\alpha-\beta)}{\sin\alpha\cdot\cos\beta}$$

$$\sin^2\alpha + \cos^2\alpha = 1$$

6.5.3 Bogenmaß

$$x = \pi\cdot\frac{\alpha}{180°}$$

6.6 Periodische Funktionen

Eine Funktion heißt Periodisch mit der Periode p, wenn gilt:
f(x+p) = f(x)

Hat f(x) die Periode p, dann hat f(2x) die Periode ½p.

6.7 Exponentialfunktion

6.7.1 Definition

f(x) = a^x heißt Exponentialfunktion zur Basis a.

Für $x = \frac{p}{q} \in \mathbb{Q}$ gilt: $a^x = \sqrt[q]{a^p}$

Falls $x \notin \mathbb{Q}$ gilt, gibt es eine Folge rationaler Zahlen x_n mit $\lim_{n\to\infty} x_n = x$
Man setzt deshalb $a^x = \lim_{n\to\infty} a^{x_n}$

6.7.2 Rechenregeln

Für a > 0 gelten die folgenden Regeln:
$a^{x+y} = a^x \cdot a^y$
$a^{x-y} = \frac{a^x}{a^y}$
$a^0 = 1$
$(a^x)^y = a^{x\cdot y}$
$a^x > 0$
Für a > 1 ist die Funktion a^x streng monoton wachsend, für a < 1 ist a^x streng monoton fallend.
Umkehrfunktion: $\log_a : (o, \infty) \to \mathbb{R}$

6.7.3 Grenzwerte

Für a > 1 ist $\lim_{x \to \infty} a^x = \infty$ und $\lim_{x \to -\infty} a^x = 0$

Für a < 1 ist $\lim_{x \to \infty} a^x = 0$ und $\lim_{x \to -\infty} a^x = \infty$

Für a > 0 und $a \neq 1$ ist die Funktion $\log_a$ streng monoton und stetig. Für a > 1 ist $\log_a$ streng monoton wachsend, für a < 1 ist $\log_a$ streng monoton fallend.

6.7.4 Eulersche Zahl

$$e = \lim_{n \to \infty} \left(1 + \frac{1}{n}\right)^n$$